写给儿童的人文小百科

纸的神奇之旅

陈卫平／主编　　哲也／著

ARTTIME　时代出版传媒股份有限公司
安徽少年儿童出版社

著作权登记号：皖登字12151492号

本书简体中文版权由天卫文化图书股份有限公司授权出版
©2015 TIEN WEI PUBLISHING CO., LTD.
未经出版者许可，任何单位或个人不得以任何方式复制、摘录本书中任何内容

图书在版编目（CIP）数据

纸的神奇之旅 / 哲也 著. —合肥：安徽少年儿童出版社，2016.5
（写给儿童的人文小百科 / 陈卫平主编）
ISBN 978-7-5397-8809-8

Ⅰ.①纸… Ⅱ.①哲… Ⅲ.①造纸工业 – 工业史 – 儿童读物 Ⅳ.①TS7-092

中国版本图书馆CIP数据核字（2016）第055834号

XIE GEI ERTONG DE RENWEN XIAO BAIKE ZHI DE SHENQI ZHI LÜ
写给儿童的人文小百科·纸的神奇之旅

陈卫平 / 主编
哲也 / 著

出 版 人：张克文	总 策 划：沙永玲　陈美燕
策划统筹：王 利　王慧敏	责任编辑：张春艳　丁 倩
责任印制：田 航	责任校对：武 军
版式设计：孟 飞	装帧设计：陶 玲

插　　图：黄淮鳞　黄雄生　徐建国　张素卿　许佩玫　陈维霖
营销顾问：上海采芹人文化　高飞童书馆
出版发行：时代出版传媒股份有限公司　http://www.press-mart.com
　　　　　安徽少年儿童出版社　E-mail:ahse1984@163.com
　　　　　新浪官方微博：http://weibo.com/ahsecbs
　　　　　腾讯官方微博：http://t.qq.com/anhuishaonianer （QQ:2202426653）
　　　　　（安徽省合肥市翡翠路1118号出版传媒广场　邮政编码：230071）
　　　　　市场营销电话：（0551）63533532（办公室）63533524（传真）
　　　　　（如发现印装质量问题，影响阅读，请与本社市场营销部联系调换）
印　　制：北京市十月印刷有限公司
开　　本：889mm×1194mm　　　1/16　　　印张：4.5
版（印）次：2016年5月第1版　　2016年5月第1次印刷

ISBN 978-7-5397-8809-8　　　　　　　　　　　定价：28.00元

序

这一篇序，是写给所有"爱书的大朋友与小朋友"看的。

人是很奇妙的动物。

从数十万年前，几位全身毛茸茸、眼神迷茫的原始人在冰冷的山洞里，想尽办法生起第一堆火开始，人就注定和其他动物不一样了。

因为人会"创造"。

从原始人在他们的洞里，用朴拙的线条画出狩猎图案时，我们就能知道，多年后，人类将会画出《蒙娜丽莎的微笑》。

因为人有强大的、无中生有的创造力。

松鼠、狐狸、牛和鲸鱼仍过着和千万年前大同小异的生活。

而今天，我们将煤气灶的旋钮一转，就打出火焰；老祖宗狩猎用的标枪，已经变成洲际导弹。人类已经用强大的创造力，建造出一个新世界。从古到今，人类的创造力永不停止，不断地有新发明出现。

新的建筑、新的衣服、新的做生意的方法、新的音乐、新的绘画、新的法律规定、新的交通工具、新的生活方式、新的礼仪、新的打招呼方式、新的交友方法等，都写在新的奇奇怪怪的书里……

人类所创造的这一切，我们把它叫作人类的"文明"。

今天，走在繁华的大街上，看着色彩缤纷的霓虹灯、巨大的广告牌、拥挤的车辆、打扮得花枝招展的人群、电视墙里播出的世界各地的新闻，你会不会偶尔也停下脚步，问问自己：

"这一切是怎么来的？"

现代人会问这种"傻问题"的已经很少了，因为大人们都很忙，只顾着赚钱，他们只关心"这一切以后会怎样"，因为这可能会影响到股市的涨跌、市场的变化。

而孩子们呢？孩子们则以为这一切都是"变"出来的，像变魔术一样。

在孩子们的世界里，很多美好的东西都会"自动"出现。掉了扣子的衣服，第二天早上就已经被缝好放在床上；肚子饿了，餐桌上会准时"出现"一盘盘好菜；美丽的图画书，精彩的小说、漫画……更是"天生"就在那里等着他们。

他们看不到半夜缝衣服的妈妈；想不到为了这桌好菜，妈妈费尽心思，挥汗如雨；更不懂得人类今天会有书，是经过了几千年的努力。

孩子们世界里的"好东西"没有来源、没有过程，他们不过问这些，也没有人告诉他们，他们像生活在美丽的童话世界里。

然而我们却带着这套书走进孩子们的世界。

我们要告诉他们这一切是怎么"变"出来的，不不不，我们不是要破坏孩子们美丽的童话世界，我们只是要带他们到"后台"，看看魔术师的帽子里藏着什么奇迹，袖子里藏着什么奥秘，告诉他们"人类文明"这场伟大的魔法是怎样一步步"变"出来的。

这是一场"奥秘大公开"的表演，多有趣，多精彩！

现在你们手边的这十本书，要告诉你们的是：知识诞生的奥秘。

知识诞生的奥秘是一切奥秘的开始。

因为有书载着知识绕着这个地球飞翔，人类文明才会这么灿烂，是书本把一个人的知识，隔着千山万水、千年时光，还能带到另一个人的头脑里，人类才不会永远在原地打转。

亲爱的孩子们，我们就是要告诉你们，书是怎么来的。

可别听到"书"就打退堂鼓，当一本书静静地躺在那里，你们想不到它的背后有那么多动人的情节、精彩的故事，甚至沧桑的往事。

一位在龟甲上一刀刀刻字的老人……

一名在羊皮书上画着美丽花纹的修道士……

一本古老的中国书卷，流浪到了"沙漠里的大书坊"……

一幕幕"书的往事"将在你面前展开。而在书诞生以前，我们先要带你们去"寻根溯源"。如果可以将现在摆满书的书店形容为大瀑布，我们就将带你们去找到瀑布最早发源的那条小溪——文字、语言的诞生；从神秘洞穴里的图画、金字塔里的字谜……一直到"还没有人说话"的"无言的世界"。

而在书诞生后，我们还有一趟"书的巡礼"，看看在为孩子们写的儿童文学的世界里，已经有哪些被孩子们当宝贝看的杰作；而在大人的书堆里，又有哪几本威力比炸药还大的"改变世界的书"。

这是多么盛大的一次"书之旅"！你们不用担心会迷失方向，因为我们为每一册书都精心设计了一位主角，可以当你们的向导。

你们也不用担心会读来无趣，因为，为这套书倾注多年心血的我们，可不是想做一套有"催眠"效果的教科书。相反，我们在编辑部无数个"失眠"的夜晚，呕心沥血，时刻不忘的是"如何让孩子读得快乐"。

因此，我们希望呈现在你们面前的是：

一套充满幽默与智慧的书。

一套时常让你们发出"啊，原来是这样，真没想到"的书。

一套像在说故事，却又有着像百科全书般丰富画面的书。

文字要精美，插画不但要有魅力，还要与众不同——我们简直是在苛求自己了。我们甚至希望文字不只是文字，还能让你看到画面；插画不只是插画，更是能"说"出文字说不出的"弦外之音"。

一个真的认为文明是凭空"变"出来的"未来主人翁"，也有可能在未来像变魔术一般地把人类文明变成废墟。

如果我们能让孩子们为这套书着迷，让他们因为了解了书的历史，而对书产生情感，懂得敬畏知识的力量，同时从心底升起一股感恩之情，感谢过往无数岁月中，那些默默传递知识的人……

那么，也许他们将会珍惜现在的一切，而我们也可以期待人类将有一个更美好的文明。

我想知道人类从野蛮走到文明每一步的情形。

——法国文豪 伏尔泰

目录

写给儿童的人文小百科
纸 的 神 奇 之 旅

1

1 人类与纸

纸、纸、纸，我是一张纸，你可别装作不认识我，我们会是一对好朋友。在很久以前，人类和纸就分不开了，人类在我身上写下字，我为人类开创新的文明史。

常常有人问我，为什么我总是一副不高兴的样子。

其实我本来不是这样的，为什么现在变成这样？看完这本书，你就明白了。

如果你想看我笑的样子，我可以表演一下，像这样。

但我还是宁愿这样……

2

在你的身边，每一个角落都有一些小东西，它们平常不怎么引人注意，你也不怎么珍惜它们，但是很快你会发现，人类不能没有它们，你猜它们是什么？不不，不是玩具，也不是偶像明星的签名照……猜到哪里去了，看看本章的标题"人类与纸"，提示还不够吗？对了，就是"纸"。

到处都有纸，每个有人的地方都要用到纸，把手伸出去随便摸三样东西，八成都会摸到纸（尤其在杂乱的书房里）。就是因为有这么多纸，人们反而把纸当作一件平常的物品。为了表扬纸的功劳，在这本书里，纸是第一位出场的主角，我们来看看它有多重要。

早上一醒来，打个喷嚏，上下厕所，就要用到卫生纸；早餐桌上，妈妈把用铝箔纸包的新鲜牛奶倒进你的杯子里；打开信箱，世界各地的新闻搭乘薄薄的报纸来到你的眼前；在外国留学的哥哥把他的思乡之情和缺钱月的情况写在信纸上，妈妈使用一个结实的纸箱，把哥哥需要的东西装箱寄去，同时附上一张纸质的支票，让他能在外国换成白花花的银子——不，是纸币。

在学校里，你有写不完的笔记和作业，这些笔记本、作业簿和课本都是纸质的。先别恨纸，因为你在课桌底下偷看的漫画书和明星照片也是纸质的。而且如果你的功课够好，你的名字也许还会被写在大大的海报上获得表扬呢！

放学了，看到路边橱窗里漂亮的玩具，但上面贴的纸标签告诉你，你都买不起，还是折折纸飞机玩吧。唱片店里的激光唱片和 CD 都有纸封套，告诉你哪位歌星又出了什么新专辑。晚上回到家，一家人玩玩扑克牌，用茶包泡出来的红茶香气四溢——扑克牌和茶包也是纸质的。夜深了，给小宝宝包好纸尿布，充满纸的一天就这么过去了。

现在请跟我一起去参加纸的博览会吧！

这是一张绘图纸，纸质粗糙，容易上色，想画画就得用它。

纸的种类繁多，要认识它们，最好从"功能"上入手。

你看，纸有这么多用处！其实还不止这些呢，纸由于它的特性——轻、薄、易于折叠，既可以很柔软，也可以很坚韧；既可以吸水，也可以做成防水的。但是纸最重要的"超能力"并不在这里，而在于你可以把字写在它的身上！

你一旦在纸上写了字，它就像一只信鸽一样，可以飞到各处，把你的话告诉别人。它又轻又薄，很容易被带到世界各个角落。

如果你在一沓纸上写了字，它就变成了一本书。一本纸做的书就是一座知识宝库。这座宝库很轻，可以随身携带；它很便宜，

软绵绵、轻柔柔的卫生纸，是每个人每天不可缺少的一种纸。

写信，就得用薄而轻的纸。

4

这是一种铝箔防水纸，可以用来装果汁、牛奶等液体。

好漂亮的壁纸呀，有各种花纹、各种颜色，可以把室内装饰得很漂亮。

要写毛笔字、画中国画，就得用宣纸。这种纸吸墨性强，最合适了。

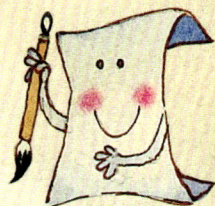

任何人都可以用少许的代价打开宝库，看到千里之外或者百年以前的人的经验、想法、新发明和动人的感情……

书——知识的宝库，是人类进步的秘密武器，也是你可以过上这么好的现代生活的原因之一。它改变了人类的命运。

现在，你手上的这本书就是要告诉你，一沓纸变成一本书的过程。让我们从认识纸开始吧！首先纸是怎么来的呢？

五颜六色的彩纸是小朋友做手工时不可缺少的一种材料。

纸币是人们最珍惜的一种纸，就算破了脏了，掉进垃圾桶里，都还会有人抢着要呢！

哇，好重呀！又厚又硬的纸板是专门用来包裹东西或做纸箱用的。

小宝宝用的纸尿布有什么特性，你知道吗？

现在，你知道纸对人类有多么重要了吧！真可以说是"不可一日无纸"啊！

2 纸的发明

纸柔软得像云朵，却不是大自然的杰作，不会无端地从你头上飘过。纸像叶片一样薄，却不能直接从树上摘到。为了纸，人类老祖先找了又找，发明又发明，创造又创造。

纸

在原始社会，不可能出现纸飞机，原因很简单。

因为，原始人还没学会折纸飞机。

地球上可不是一开始就有纸的，人类是经过千辛万苦才发明出第一张纸的。

不不不，根本原因是那个时候还没有纸。

话说有一天，天空中忽然出现了一大团亮光……

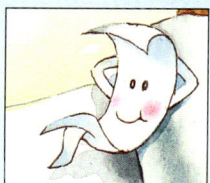

妖魔作怪？

人类最早之所以会发明纸，并不是想要发明一种东西来包嚼过的口香糖或当纸尿布，这一点自然不用多说。人类想发明一种东西，可以把字写在上面，讲得正式些，就是为了"书写"。

人类为了彼此顺利沟通，很早就发明了文字。在发明纸以前，人类试着把文字写在各种东西上面——从最早的兽骨、龟甲，一直到兽皮、泥版、竹简、缣帛，这些都为人类担任过任"重"而道远的文字记录工作。说"重"，它们的确又重又不方便，一片竹简上刻不了多少字，几本竹简书就能装满一辆牛车；带一本泥版书去上学，可以把一个小学生累死；兽皮和缣帛轻多了，但却珍贵得要命，几乎只有在皇宫里才用得起缣帛；而中世纪的羊皮书则是用铁链锁在图书馆里的，可见有多珍贵。

不得了了！天神发怒了！

是不明飞行物！

太阳神降临了！

天兀异象，有大事要发生了！

人们十分惊慌，认为天生异象，必须把它记录下来，于是……

关于"纸"这个字

在蔡伦正式向皇帝呈上纸的前五年（公元100年），东汉的文字学家许慎，编成了中国第一部字典——《说文解字》，字典上已经有关于"纸"字的介绍了。他解释说："纸，絮一苫也。"絮是一种比较差的丝，苫是放在水中捶打絮用的帘席。这句话就是说：纸是在水中的帘席上捶打粗丝时，从帘席上的残留物中提取出来的一种东西，因此采用"丝"作部首。

由此可知，纸确实与丝棉有关系，而且在蔡伦以前就有了。

用纸遮鼻子

在《三辅故事》的古文里曾记载：汉武帝时有个叫"卫"的太子，他的鼻子很大。有一次卫太子要进宫去探望皇上，不料宫里有人劝他："皇上很讨厌大鼻子的人，你如果要觐见皇上，最好拿张纸遮住你的鼻子。"

这是两千多年前中国古书里有关"纸"这个字的一项记载，可惜这张纸居然被用来遮鼻子。

■ 原始人在岩壁上刻写

因此，你可以想象在没有纸的时代，一个读书人有多不方便吧！在中国，战国时代的一对同窗好友——苏秦和张仪，在路边看到石碑上刻有一篇好文章，很想抄下来，怎么办呢？他们必须先用毛笔把文章抄在手心和腿上，回家再砍竹子做竹简抄下来。

东汉时的穷书生贾逵买不起缣帛，就剥桑树皮来抄书。另一位学者任末，看到好文章后干脆抄写在自己的衣服上。

常把笔记本撕下一页去折纸飞机的小读者们，是不是应该学会珍惜纸呢？

人类的苦日子慢慢熬过去了，终于，纸出现在世界上了。是谁发

多割点，才够我大写特写。

才写一半，泥版就不够了，真是麻烦！

■ 古埃及人用莎草纸书写

■ 苏美尔人把字写在泥版上

8

连我也遭殃了!

叫什么叫,你将永垂不朽了。

记录这件事至少得用上三千片竹简才行!

死乌龟,居然敢咬我!

幸好人们不在马皮上写字,否则我也完了!

■ 罗马人用鹅毛笔把字写在羊皮上　　■ 中国人把字写在竹简和龟甲上

明了纸?蔡伦?大部分的人都会这么回答,然而根据专家研究,在蔡伦以前,中国人就已经懂得用纸了。

在中国古代文献中,"纸"这个字在蔡伦以前,也已经出现过好几次。

在一本叫作《汉书》的古书里,记载了赵飞燕姐妹俩的故事。她们得到汉成帝的宠幸,一个当了皇后,一个被封为昭仪。宫中有位女官叫曹伟能,替皇帝生了个男孩。赵昭仪担心自己的地位不保,就派人扔掉了孩子,把曹伟能监禁起来,给她一个绿色的小匣子,里面用"赫蹏"包着两颗毒药,上面还写着:"告伟能,努力饮此药⋯⋯"曹伟能就这样被逼着服毒死了。

据学者研究,这张包着药还写上字的"赫蹏",就是一种用丝棉做成的薄纸。

这个故事发生的年代,比蔡伦造纸早了一百多年。

这到底是怎么回事呢?难道纸不是蔡伦发明的吗?

■ 现代的小朋友把字写在轻便的纸上

写写写……大家拼命地写，可是……

灞桥纸

1957 年，人们在陕西西安灞桥附近动工兴建瓦厂时，发现了一座西汉古墓。古墓中有许多珍贵的古代文物：有铜镜、铜剑、铜钱、石虎、陶器和数片麻布，麻布下有几张纸片。这些纸片因为是在灞桥这个地方被发现的，人们便叫它"灞桥纸"。

你可别小看这几张纸片，这可是个不得了的重大发现，因为它是目前所发现的古纸中年代最早的，甚至比蔡伦所造的纸还早。这个发现更加证明了早在蔡伦之前，中国就已经有纸了。

罗布泊的纸

1933 年，考古学家在新疆罗布泊附近的一座汉代遗留下来的烽火台里，发现了西汉古纸。据考证，这座烽火台是在汉宣帝时所建造的，比蔡伦造纸还早了一百五十多年呢！

这种罗布泊的纸，纸质非常粗糙，纸面还残留着麻纤维，是西汉古纸的一次重要发现。

原来，就像人类不是一下子从猿猴似的原始人变成穿西装、打领带的现代人一样，纸也不是一下子出现，而是慢慢进化、改良而来的。

纸的发明，最早可能是这样的：

在古老的中国，大约在西汉的时候，养蚕取丝是蛮普通的一件事。一群妇人把很多蚕茧放进水里，铺在竹席上捶打，打好以后，蚕茧就成了丝绵。比较细心的妇人忽然发现，竹席上还留着丝头、渣子这类残渣败絮，因为受过捶打，所以在竹席上形成薄薄一片。妇人于是灵机一动，把薄片取下来，裁成方块，这就成为历史上最早的纸了。

这种纸当然很简陋，面积也小，不能用来写字，只具备"包药"之类的简单用途。

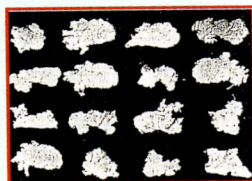

救命呀！

■ 在陕西灞桥古墓中发现的西汉残纸，年代比蔡伦改进的纸还早

哎哟，写得我手累死了！

咦，那是什么啊？上面居然可以写字？

再给我一张莎草纸！

10

然而聪明的中国人不会就此罢休，他们再接再厉地改进纸质。他们把不要的棉絮全部拿来捣烂、漂白，再用竹席捞起来、晾干……这样，纸越来越光滑，面积也越来越大，可以在上面写字了。可惜这种纸大部分人还是用不了，因为棉絮可不便宜呀，做法也太麻烦了。

纸得又好用又便宜才行。

大家还是回去砍竹子，做竹简吧！等等！救星出现了，有个聪明的家伙，不，得说得有礼貌点儿，有位伟人——蔡伦先生，终于想出了制造方便好用的纸张的方法了……可惜，蔡伦才刚出场，这一章却要结束了。你想知道蔡伦如何改进造纸术吗？请看下一章。

■ 在居延出土的东汉残纸，上面有隶书二十余字，与蔡伦改进的纸大约同时出现

我到底要写什么呢？

天哪！我的毛被你扒了，你竟然忘了？

轻轻松松就写好了，写剩下的纸还可以折纸飞机玩！

我得赶快把这些重要文件送到皇宫去！

不够不够，赶快再做！

这些泥版够了吧？

古纸写本文书的发现

虽然在汉代已经发明了纸，但是由于品质不够好，数量也不够多，因此初期的纸并不能完全取代竹简、缣帛，成为最主要的书写材料。再加上年代久远，早期的古纸写本文书极其罕见。

直到最近几十年来，在中国西北边疆地区，才陆陆续续发现零散的古纸写本文书，其中最早的是公元2世纪到3世纪时的遗物，大多是信函、札记、账簿之类，没有大部头的书籍。今天所能见到的最早的古纸写本文书，是公元4世纪（晋代）时遗留下来的《三国志》残卷和一些佛经残卷。

3 纸的媒人——蔡伦

蔡伦蔡伦，
纸的媒人，
新法造纸，
大功告成。

大家好，我是蔡伦。

今天很高兴能替这一对新人做媒，促成他们的好姻缘。

纸和人类佳偶天成。

你们以后一定要好好相处，知道吗?

公元 105 年，在欧洲，正是罗马帝国威风八面的时代，不过每当神气的罗马人想把他们的得意事迹骄傲地记下来，或者只是想简单地写封情书、记个账，他们就没辙了——他们得辛辛苦苦地去弄一张羊皮或牛皮。他们在这方面跟中国比就太落伍了。

同一时间，在中国，正是东汉和帝在位的时候，发生了一件能够让罗马人——不，是全世界的人忌妒的大事。

真羡慕中国的羊，唉！

什么？你又有灵感了，我完了！

有了纸，我也安心了。

别光在那儿羡慕，快去告诉你们的人纸的妙用吧！

这件大事就是：

"启禀皇上，臣已经研究出新的方法来造纸了！"说话的是宫里的一名太监。

"哦？"皇帝摸摸下巴，很感兴趣地说，"快说来听听。"

"皇上，以往我们宫里文书使用的不是竹简就是缣帛，竹简太重，缣帛太贵，都不方便。现在有人用棉絮或麻来造纸，价格仍然十分昂贵，也难以普及，而宫里对纸的需要日增……"

"是啊是啊，怎么办呢？快说重点吧。"

"不是臣不说重点，是作者……哎哟，谁打我？"

"严肃点儿。你有什么好办法吗？"

"臣实验出以树皮、麻头、破布、渔网这些废物造纸，就能造出价廉物美的纸张了。"

"干得好！蔡伦！"

哇！那是什么？

13

造纸的鼻祖——胡蜂

胡蜂建巢时，会将竹皮咬碎，再用唾液将竹皮软化，做成细胞状的蜂房，供产卵用。你可不要小看这些蜂房，竹片经唾液软化干了之后，就像一张"纸板"，十分坚固。据说蔡伦造纸的灵感就是从观察胡蜂，模仿它们建巢的方法而来的。

> 小胡蜂，快告诉我，你们是怎么造纸的？

> 哼，不告诉你！

"纸神"蔡伦

蔡伦是东汉时期的湖南人，他是一位有科技头脑的宦官。

虽然他不能算是纸的发明者，只能算是纸的改进者，但是中国人似乎早已经把蔡伦和纸的发明连在一起了，民间甚至把蔡伦供奉为"纸神"。

是的，这位造纸的太监就是蔡伦，当时他在宫中担任尚方令，负责监督制造皇宫里的御用器物。前面这段蔡伦与东汉和帝的对话，是我们根据当时可能发生的情况想象出来的，再加上一点儿玩笑话。当时真正的情况如何，没有人知道，但可以肯定蔡伦讲话不会那么随便，因为古书中记载的蔡伦是一个认真谨慎的人。

根据古书记载，由于蔡伦认真谨慎，再加上他的才华和学问，他所监督制造的兵器用具都很精美耐用，常被后人拿来做榜样。

一个手很巧的人，或者一个很会制作各种东西的师傅，看到一样使用不便的东西，应该很乐于接受挑战，再困难也要把它改良得又好用又方便吧？就像一个玩游戏的高手，碰到高难度的新游

> 连纸都不知道，真蠢！

> 这么薄薄的一张纸，居然能写字？太神奇了。

> 纸？什么是纸呢？

> 如果我们也懂得养蚕浣纱，说不定发明纸的人就是我。

> 纸是一种吃的东西吗？

> 纸？会比我们的泥版好用吗？

> 听说中国有一种叫"纸"的东西，快去瞧瞧。

> 干得好，蔡伦。

戏，想尽办法也要闯关成功一样，我们猜，蔡伦造纸也有相同的原因。当他长久以来看到书写的不方便，便日思夜想着如何才能造出一种能够代替竹简和缣帛的纸吧。

古书中没有记载蔡伦改进造纸术的原因，这可能是皇帝的命令。但是蔡伦（可能还有他手下的工匠们）的研究成果是有目共睹的：

把树皮、破布、麻头、渔网这些废弃物，以高温蒸煮，把里面的纤维煮散；放进石臼中捣烂，成为浆液；再经过漂白；最后用细竹帘捞出来，让它在竹帘上形成薄薄一层，用火烘干，揭下来就是一张物美价廉的纸了。

树皮造纸法

1. 将树皮削下来。

2. 在河中泡软。

■《后汉书》中关于蔡伦的介绍和插图

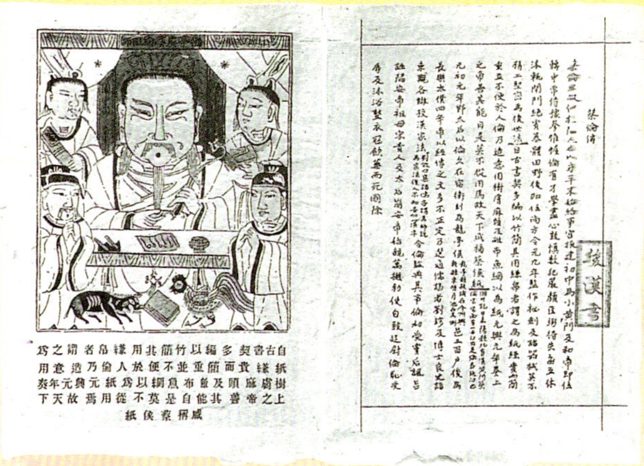

这就是我发明的纸，不错吧！

3. 煮沸后用竹棒捣碎。

蔡伦，公平点儿，我们也帮忙了！

我浣了一辈子纱，怎么就没想到丝渣可以制纸呢！

4. 再放进竹帘中漂洗，干了后撕下来，就是一张纸了。

新式造纸法成功后，蔡伦去向皇帝报告。古书上说："帝善其能。"意思大概就是皇帝赞美了一声："干得好！蔡伦！"

而我们该说的却是："蔡伦先生，谢谢你当了我们和纸的媒人！"

蔡伦制造的纸，不但具有原来又轻又薄的好特性，而且原料容易获取，制作方便。这么"平易近人"的纸，很快就获得了人们的喜爱，再加上蔡伦报告了皇上，连皇上都喜欢，纸于是很快就被中国人"娶进门"了。

洛阳纸贵

你听过"洛阳纸贵"这个成语吗？这个成语的典故出自晋朝的大文学家左思的《晋书·文苑·左思传》。

左思花了十年的时间，写成一部了不起的杰作《三都赋》，在当时造成轰动，人人争相抄阅，一时之间，洛阳的纸都涨价了。

其实，《三都赋》全文不过一万多字，抄写时所费的纸量应该不多，却造成纸价高涨的现象，由此可见，当时纸张的供应量和需求量不成正比。

蔡伦，谢谢你当了我和人类的媒人。

从今以后，你们得携手合作，共创光明灿烂的美好前程，才不会辜负我的一片苦心啊！

这是因为造纸术不够发达，神气什么？

16

纸迅速地在中国推广，竹简和缣帛渐渐被收起来当古董。纸开始和人类朝夕相伴、形影不离、难分难舍、如胶似漆……好了好了，说得太过分了。

总之，纸被广泛使用后，人类的思想开始噼里啪啦地在纸上热烈交会了。

会告密的纸

这是一则关于纸的故事，流传于19世纪的美国。

有个从来没有见过纸的叫散巴的黑人，在一位法官家里当仆人。有一回，法官的妻子交给他一篮熏鸡和一张小纸片，让他送到法庭给法官。

半路上，散巴被篮子里飘出的美味熏得口水直流。篮子里的鸡一共有四只，他心想就算少了一只，法官也不会知道的。于是他就在路旁坐下，偷吃了起来。

到了法庭，法官凶巴巴地责问散巴："还有一只鸡呢？明明有四只，怎么只剩下三只呢？"

散巴吓了一跳，法官怎么会知道呢？他偷偷瞄了一眼法官手中的纸片，恍然大悟："哦，一定是那可恨的纸片告了我一状，可是纸片怎么会说话呢？"

几天后，散巴又替法官送鸡，这次在偷吃之前，他先把纸片拿出来，把它压在一块大石头下，心想：这样纸片总看不见了吧！吃完鸡，他再把纸片拿出来，放心地带着篮子去见法官。

可是，散巴万万没想到，那张纸片依然将他的秘密泄露出来，散巴心想："那纸片上一定附着什么鬼魂，以后还是离它远点吧。"

知道我的厉害了吧！

好小子，居然会告密。

4 中国人爱纸的一千种方法

纸在中国，混得不错，
防虫防蛀，备受保护，
品种改良，大受夸奖。

你们真该看看，从前的老祖宗是怎样爱我的。

现在的纸太多了，没有人懂得珍惜我。

现在一张纸上，常常只写寥寥几个字。

我被揉成一团丢掉了。

如果你爱上一个人，你难道只是走上前去，对她说"我爱你"，然后走开，永远对她不理不睬？不可能吧？！

同样的，既然中国人已经把纸"娶进门"了，人们当然会想出一千种方法来爱它（"一千种"只是形容很多的意思，并不是真有一千种）。

首先，爱它就要让它变得更好。

一张纸，其主要功能当然是用来写字。最早的纸，吸收墨汁的功能并不好，于是有人在纸上添加一层石膏膜，让它好吸墨。后来人们又不断改良，涂上用苔藓制的胶水，甚至淀粉末拌成的淀粉浆……总之，纸越来越好用了，越来越接近人们"理想中的伴侣"。

第二，爱它就要保护它。

蠹虫是纸天生的敌人，它们不爱书，只爱啃书。它们最大的"优点"是具有平等博爱的精神，不管是多精彩的好文章，或者是多无趣的烂文章，它们都一视同仁——把它吃进肚子里。

为了避免一张张好纸变得坑坑洞洞，古代中国人想出了好点子。他们将一种有杀虫作用的植物黄檗，像泡红茶一样泡在水里，把黄檗捞起来捣碎，然后拿去煮，煮一煮再捞起来捣，捣过再煮……这样煮三次后，煮出来的"汤"加上最早泡的"汁"，就混合成了一种黄色药水。用它来染纸，纸也变成黄色的，能够防止被虫蛀。

嗚……快来救我啊！

咔吧！咔吧！这些纸真是美味又可口！

黄檗

黄檗又称黄柏，是一种多用途的珍贵植物。除了可以煮成防虫药水之外，树皮更是著名的中药材。你可别以为黄檗只对古人有大用处，即使是在工业发达的现代，黄檗坚韧有弹性、耐水耐腐的材质，还可作为家具、造船及航空工业的用材呢！

这种染纸的方法叫作染潢，用经过染潢之后的纸写成的书，就成了"蠹虫最讨厌的书"。许多在敦煌石窟里被发现的隋唐时代的古老书卷，都经过染潢，所以是黄色的，而且能防虫蛀。

第三，爱它，当它受伤时，就要为它好好治疗。

怎样伤害一张纸？很简单，只要把它撕破、撕碎、撕成两半——各位小朋友，你是不是常常用这种酷刑对付你作业本里的纸？

纸是十分脆弱的，古代中国人知道它这个特点，所以更加爱护它，甚至连已经破裂的纸和现代读者会随手扔进垃圾桶的破纸，他们都有办法把它修补好。

看来，我得好好保护纸才行。

啊……痛死我了！

救命啊！

20

一千五百多年前，一位名叫贾思勰的先生在一本叫《齐民要术》的书中，记载了修补纸张的方法——用一种"像薤叶一样薄"的薄纸来补纸，可以把纸补得几乎没有破裂的痕迹，如果不对着灯光看，简直看不出是补过的纸。

第四，爱它，就要好好打扮它。

纸张发明出来以后，一代代的中国人实验又实验，改良再改良，用各种不同的材料做出各种不同性质的纸，为原本苍白的纸改颜换貌，把它打扮成"千面女郎"。

翻一翻历代古书，里面所记载的各种纸张会让你眼花缭乱：竹纸、藤纸、棉纸、楮纸……中国各地的人，用他们当地特有的植物，造出有地方特色的纸张。南方靠海的地方，甚至有"海苔纸"。

呼……
吹死你！

这下可惨了！

我也要吃！

咬啊咬，
大口地咬！

左伯纸

"纸神"蔡伦虽然改良了造纸的方法，但所造出来的纸还是不够好，因此在他之后，有不少后继者尝试将纸改良得更好。

左伯是山东东莱人，为蔡伦的弟子，他继承师父的技法，并且发扬光大。他所改良制造的纸，就叫"左伯纸"。左伯虽然对于改良纸也有卓越的贡献，但是却不像他的师父蔡伦那样，在历史上赫赫有名；相反，在正史里根本没有他的一席之地，只是在地方志中有些记载。

事实上，从纸张演变的情形看来，应该还有更多史上无名的人默默地致力于纸的改良工作。

■ 清洒金腊笺

■ 清描金腊笺

■ 现代安徽泾县生产的宣纸

■ 现代仿薛涛笺
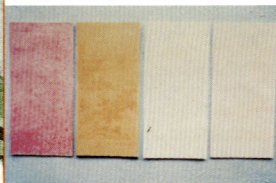

　　大书法家王羲之的杰作《兰亭序》，用的是"蚕茧纸"。

　　有些纸的名字很好听，如"银光纸""销金笺""凤凰纸""花叶纸"。

有的纸甚至有香味，如芳香无比的"蜜香纸"。

唐朝太平盛世时期，白色或单色的纸张已经进步到有美丽的七彩色，名字也很好听，如"彩云笺"。许多诗人便用这类彩纸来写诗、写信。说到诗，最后就让我们以晋朝诗人傅咸的一首《纸赋》，来代表古代中国人对纸的赞美吧，本来嘛，爱它，就要歌颂它：

夫其为物，厥美可珍。廉方有则，本洁性真。含章蕴藻，实好斯文……揽之则舒，舍之则卷。可屈可伸，能幽能显。若乃六亲乖方，离群索居，鳞鸿附便，援笔飞书。写情于万里，精思于一隅。

这些赞美词如果用现代的话来说，是这样的：

纸这种东西，真是美丽，值得珍惜。你看它方方正正，多有规矩；干净洁白，多么纯真；而且一身都是文章，满肚子都是学问，实在斯文……手一揽，它就打开；手一放，它就卷起来，真是能屈能伸。如果你身边没有亲人，只有你孤孤单单一个人，纸能够替你飞过千山万水，载去你的千言万语和无穷思念。

这样我们就安心了。

放心！我会好好保护你们的。

奇怪！纸怎么变得不好吃了？

5 纸的旅行

好东西要和好朋友分享，走过千山万水，穿越千年时光，只为了要告诉大家，中国已经发明了纸张。

我要去旅行了，世界各地都有人需要我。

我爬过高山。

我渡过大海……咦？那是什么？会飞的纸？

原来我来到了阿拉伯……当初应该坐飞毯来的。

当唐朝的诗人喝足了美酒，捋起袖子，提笔蘸饱了墨汁，在精美的彩色笺纸上写下一行行诗句时，在千山万水以外的西方，可怜的欧洲人还在用羊皮书写。

当然，羊儿们也很可怜。想象一下，在那古老的欧洲……

"啊，灵感来了！"每当爱写诗的主人文思泉涌，羊就倒霉了。

"不不，主人，您累了，早点儿休息吧，别写诗了。"羊儿们一定是这样在呼喊。

"嗯，这首诗一定会流传千古。"主人点头说。

"不不，主人昨天才写了一首很差的诗，您忘了吗？"羊儿们开始向上帝祷告，"求您别再让他残杀无辜了！"

"好，决定了，玛丽，快去替我杀一只羊！"

"咩！"羊惨叫……

我是了不起的中国纸！

快别得意了，想想办法救救我们这些可怜的羊吧！

25

哇！中国人把字写在"云朵"上！

写在"云朵"上的字

在唐朝，巨鹿郡南和县的北方有个造纸作坊，墙壁上常常贴满了纸，让太阳把它们晒干。有一天，突然刮了一阵大风，把墙壁上的纸都吹了起来。这些雪白的纸片漫天飞舞，简直像雪花一样。

有一个从西方来的商人看到这番景象，不知道那就是纸，还以为是天上的云朵。当人们告诉他，那是可以拿来写字用的时候，这个西方人讶异极了，回去后逢人便说中国人的字是写在"云朵"上的。

当然，想象免不了夸张了一点儿，但是真实情况还是很糟糕。在欧洲人认识纸以前，他们每写一本像《圣经》那样的书，就要杀掉三百只羊。

当纸出现时，金发碧眼的欧洲人应该会打着小鼓、吹着风笛，载歌载舞地从城堡里出来迎接吧？

不过，纸出现在他们眼前却是几百年后的事情了。并不是中国人把纸像宝贝一样藏起来，其实纸在唐朝时就已离开祖国，开始了它的旅行，只不过它到达的第一站不是欧洲，而是阿拉伯。

这一切的开始，完全是缘于一场意外。

公元 751 年，遥远的荒漠草原上一个叫恒罗斯的地方（今哈萨克斯坦的塔拉兹附近），出现杀气腾腾的景象——两支大军对阵，军旗飘扬，大战一触即发。

真该让外国人知道我有多杰出……

好棒！我也跟着远征的主人出国去了！

一支大军是由唐朝的大将军镇西节度使高仙芝率领的唐军和当时西域各民族的联军组成的，共有几万人。

　　另一支大军来自西方的大食（阿拉伯帝国）。他们派来总人数达二十万的强大兵团，想要一举攻下唐朝设在西域的几个军事重镇。

　　大战爆发了。

　　双方血战五天五夜，不分胜负。最后，唐朝联军中有人叛变，和阿拉伯军队联手，内外夹攻，唐朝联军于是崩溃，高仙芝狼狈逃走。

　　阿拉伯军队虽然胜利了，可是也赢得很辛苦，于是决定打道回府，同时带走两万多名俘虏。最重要的是：这些俘虏里，有不少当时的造纸专家。

救命啊！

快！快教我们造纸。

且慢！我是中国的造纸专家。

看样子，我可以开始周游世界了。

古埃及的莎草纸

在公元前两千多年前，古埃及人就已经开始把莎草纸当作书写材料了。纸莎草原本是生长在尼罗河沿岸的一种植物，聪明的古埃及人将它们做成长纸卷。

莎草纸的做法是先剥掉纸莎草的茎皮，再把白髓部分撕裂成丝，用尼罗河的河水浸湿，纵横排列后压干，最后把表面磨滑。莎草纸的缺点是质料脆弱，不易书写，难怪中国造纸术传入后，埃及就很少有人用莎草纸了。

印度的"贝多罗"

印度在用纸以前，是用塔拉树的叶子作为书写材料。这种叶子很像棕榈树叶，古印度人称之为"贝叶"或"贝多罗"。

贝叶长约六十厘米，宽约七八厘米，书写时用尖笔或金属笔刻写在叶面上后，涂上一种黑色颜料，然后每页上穿两个小孔，再用绳子将每页依序穿起来，就成为一本书了。

纸的旅行就这样开始了。这些造纸师傅被带到一个叫撒马尔罕的地方。阿拉伯人知道他们的专长后，简直高兴疯了，因为爱做生意的阿拉伯人早就从中国进口过一些纸，却从来不知道纸是怎么来的。这下可好了！撒马尔罕有河流、清水，有大麻、亚麻，正是造纸的好地方——于是第一家阿拉伯造纸厂就在中国师傅们的指导下成立了。

看！我们造的纸，不比中国纸差啊！

1. 朝鲜半岛
2. 日本

朝鲜半岛和日本距离中国比较近，对唐朝的文化又很倾慕，早在公元7世纪时，中国造纸术就已东传到这两地。因此，这两地的人可是比阿拉伯人早了一百多年学会造纸呢.

再见！我要去环游世界喽！

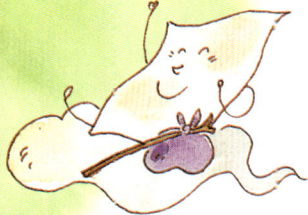

起点：中国

2 1 1 2

■ 东传路线
■ 西传路线

1. 撒马尔罕（今为乌兹别克斯坦城市）

撒马尔罕人种植了许多大麻和亚麻，又有灌溉的河流可用，很适合造纸，因此，第一家阿拉伯造纸厂便在此地设立了。

2. 巴格达（今为伊拉克首都）

公元794年，阿拉伯人在巴格达成立第二家造纸厂，造纸师傅仍然是当时被俘虏来的中国人，此时他们都已经是满头白发的老爷爷了。

3. 大马士革（今为叙利亚首都）

大马士革所造的纸，输入欧洲达几百年之久，在当时是一个很重要的纸张输出站。

4. 开罗（今为埃及首都）

公元10世纪，埃及已经有了造纸厂，造纸业由埃及延伸至地中海沿岸和北非地区。

5. 摩洛哥斐兹
6. 西班牙沙迪瓦
7. 意大利布拉诺

8. 法国特鲁瓦
9. 德国纽伯格

德国最早的造纸厂，是一位名叫乌尔曼·施特罗梅尔的人在1390年设立的。

10. 荷兰格罗宁根
11. 瑞士巴塞尔
12. 波兰克拉科夫
13. 奥地利维也纳
14. 瑞典林雪平
15. 俄罗斯莫斯科

由于有中国师傅的指导，不久，纸就变成了撒马尔罕的特产。纸张精美，花样繁多，附近各国人羡慕得眼珠都要掉出来了，他们都说撒马尔罕的纸除了中国的以外，没有第二个地方可以与之相比。

四十二年后，纸旅行到了第二站巴格达，第三站是大马士革。这里的两家造纸厂仍然属于阿拉伯。纸的大量出现，让阿拉伯的科学、文化迅速进步，阿拉伯国王甚至有了一座可能是当时世界上最好的图书馆——智慧宫。

纸旅行的第四站是埃及。在纸到达埃及以前，埃及人一直使用着一种古老的莎草纸，莎草纸的发明一直是埃及人的骄傲，尽管严格来说它还不能算是纸，只能算是一种草的编织品。阿拉伯人把纸带到埃及后，一山难容二虎，中国纸要和埃及纸较量一番了。

用中国纸好呢，还是继续用埃及莎草纸？恐怕连埃及的狮身人面像都要伤透脑筋，难以决定。

较量的结果是能书善写的埃及人选择了便利精美的中国纸。我们现在还可以看到一封埃及古信的结尾写着："很抱歉用莎草纸写信给你，请原谅。"用莎草纸写信被认为是很不礼貌的事，可见中国纸在当时受欢迎的程度。公元936年后，莎草纸就完全被埃及人淘汰了。

> 有了造纸术，我的日子就好过了。

> 现在知道我有多好了吧！

古代欧洲造纸过程

▶ 造纸需要大量的清水，所以，造纸厂大都设在取水方便之处，这是古代欧洲一家造纸厂的外貌

▶ 1. 将造纸用的破布整理好，去掉所有的缝线、纽扣之后，再放进水里浸泡。

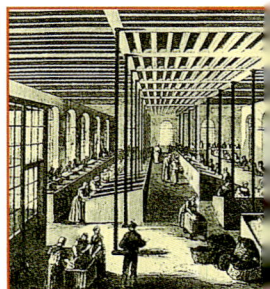

▼ 2. 把破布捞起来，切成长条，放进圆桶里，用捣纸器打

成无数的小颗粒。碎布颗粒和水混合，再加进一些胶质或树脂，就成了浓稠的纸浆了。

卖"破布"吗？

阿拉伯人、埃及人、欧洲人造纸的方法和中国人的区别是，他们用很多破布来造纸。因此一种新行业出现了，那就是收集破布。收破布的人到每个村庄去收购破布，有些埃及人甚至胆大包天，到墓地里去拆木乃伊的尸布，再卖到造纸厂去造纸。

中国造纸方法的改良

明朝宋应星先生在他所写的科学著作《天工开物》里，对古代造纸的方法，描写得很详细。以下是"竹纸"的制造过程：

1. 砍下竹子，去掉竹叶。

2. 将竹竿泡在水塘里一百天，捞起后捶打一番，打掉硬壳和青皮。

3. 放进石灰水里用大火煮。

▲ 3. 纸浆制成后，倒入纸浆槽里。

◀ 4. 造纸工人把筛子放进纸浆槽里摇晃，让纸浆在筛子上结成薄薄的一层，揭下来就是一张纸了。

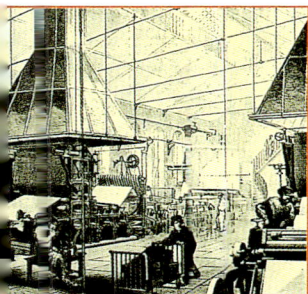

◀ 5. 把这张湿淋淋的纸放在大熨斗下压平、烘干，再吊起来晾干，一张纸就完成了。

◀ 这张欧洲古纸已经有好几百年的历史了

走遍了世界各国，我好像该回家了。

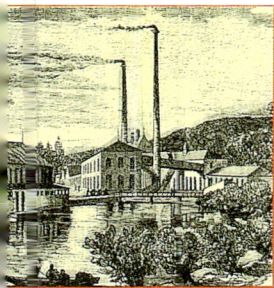

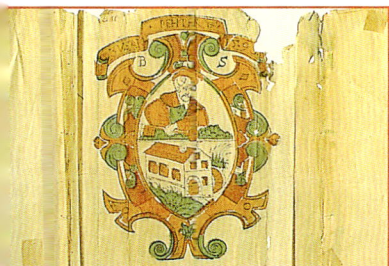

纸在尼罗河畔获得胜利后，终于踏上了欧洲的土地。

先是西班牙、意大利，然后是法国、德国、英国……

造纸厂像雨后春笋似的，一座座在欧洲土地上冒了出来。

1690 年，纸甚至漂洋过海来到美国，在费城诞生了美国第一家造纸厂。

从中国人发明纸开始，纸花了一千多年的时间，走过高山、沙漠、大海……终于走遍世界，成为中国人送给全世界人类最好的礼物。

4. 两手拿着竹筛子，将煮烂的竹浆在水槽里来回晃荡，竹纸浆就会挂在竹筛上。

5. 把竹纸一张张叠在木板上，上面用石头压平，榨出纸表的水分。

6. 用铜镊子把纸一张张揭起来，贴在砖墙上晾干，就大功告成了。

现代的机器造纸

回到中国的我，可是面目一新哟！

纸的旅行结束了吗？不，一名旅行者要回到家才算大功告成呢！1891年，纸终于回家了，但是它已经改头换面，不再是离开中国时的样子——经过19世纪欧洲突飞猛进的科学洗礼和日新月异的工业革命，造纸不再是一种老师傅的手工艺，而是一种大量生产的"机器产品"。这一年，清朝大臣李鸿章把西方的新式造纸术带回中国，在上海成立了中国第一家机器造纸厂。

1. 现代造纸的主要原料是树木，树木来自森林。

▲ 造纸的第一步是要将木材等造纸原料变成纸浆，这是纸浆厂做出来的纸浆板

2. 造纸厂里有座轰隆隆响的大机器，将砍来的原木切成小段，再碾碎成更小的木屑。

▲ 将纸浆板放入散浆槽，加水打散成纸浆

3. 把这些木屑捣烂，加上水，和其他漂白剂之类的化学原料混合，制成纸浆。

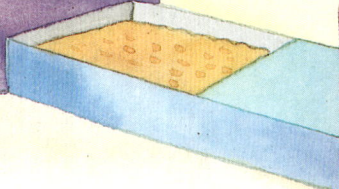

▼ 打散的纸浆就存放在储浆槽中

中国人也应该敲锣打鼓，出城去迎接这种从欧洲来的崭新造纸术吧！

因为如果没有机器造纸，现在我们走进书店，就没有那么多琳琅满目的书籍、卡片、报纸、画册……机器造纸又快又好，现在，造纸由电脑全自动控制，甚至一次可造出像足球场那么大张的纸！

蔡伦先生，如果你还活着，请不要太吃惊。

蔡伦先生，你心里大概也会很纳闷：为什么造纸的老祖宗是你，而让造纸技术变得这么先进的，却不是你的子孙？

哇！现代的造纸技术这么先进，当初我怎么都没想到呢？

蔡伦的子孙，你们该加油了。

5. 最后就成一大卷纸了。

◀ 机器造出来的纸大部分是一卷一卷的

◀ 现代化的造纸技术，除了一般机械和各种精密的科学仪器之外，电脑也扮演了非常重要的角色。比如造纸过程中纸的水分、重量、厚度等都可由电脑来控制，而这已经不是从前蔡伦使用树皮、麻头、破布、渔网来造纸时可以想象的了

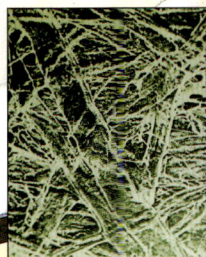

4. 纸浆通过滤网，成为一张薄薄的、潮湿的纸膜，经过输送带加热、烘干、压平。

▲ 只要有纤维的东西，都可以造纸。这就是纤维

◀ 调制好的纸浆在抄纸机上均匀地交织、脱水、干燥，纸就大致成形了。这就是抄纸机的外观

▲ 纸的用途、种类不同，加工方法也不同。有些较高级的纸（比如铜版纸），需要经过涂布加工的处理，才能使表面光滑

33

6 印刷魔术师

孙悟空拔下身上一根毛，一吹，无数个孙悟空在活蹦乱跳。印刷魔术师一出场，无数书本便奔向人类的怀抱。

现在为你们介绍本书的第二位主角。

印刷魔术师，请出场！

变！

果然名不虚传，太厉害了。

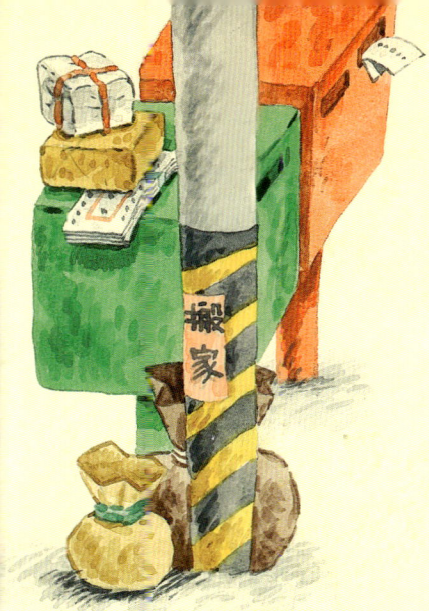

纸的故事告一段落，可是还没有结束，纸的发明就像点燃了火药的引线，慢慢烧、慢慢烧，终于烧到了饱藏火药的炸弹⋯⋯

轰！炸得人类文明往前跃进一大步！

轰！炸出了灿烂夺目、五彩缤纷的新世界！

这颗超级炸弹就是印刷术。

你觉得我太夸张吗？那就看看你的身边有多少印刷品——各式各样的书、报纸、杂志、信封、邮票，甚至写着"如不按时缴纳电费，将予断电处理"的电费缴纳通知单⋯⋯这些都是印出来的。

走到街上，五花八门的广告海报、招牌、交通标志，路边散传单的人所分发的各种打折券，电线杆上贴的广告宣传单⋯⋯这些都是印出来的。

看看你身边：运动衫上的明星照片，唱片美丽的封面，桌上放的日历，还有各种药品的使用说明⋯⋯这些也都是印出来的。

所以，你是生活在一个被五颜六色的印刷品所包围的新世界。

不过，就好像纸最重要的功用不是用来当纸尿布一样，印刷术最重要的功用也不在这些"让每个人知道怎么用药品"之类的小地方，而在于知识的传播，因为你身边的这一切都是知识传播以后才有的美好结果。

知识在哪里？在书里。

因此，用印刷术来大量印刷书籍，才是印刷术最大的魔力。

在印刷术出现以前，尽管纸已经在世界上露面，人们知道用纸来写书，但是书仍然少得要命。因为一个人必须用手抄写书籍，抄到手酸得要死，才能抄完一本书。

如果是怀着练书法的心情，不慌不忙地把抄书当成修身养性，那倒也是赏心乐事，所抄出来的书说不定还可以成为优美的艺术品。

但是如果是一位发明家，急着想把他写在书里的伟大新发现给许多人看，那一本一本地慢慢抄，会让他急得跳脚。

如果是一位校长，想让他的每一位学生都有一本新课本，那一本一本地慢慢抄，也许他要抄到学生都老了。

这当然是夸张的想象，但并非不可能。在中世纪的欧洲，一位意大利王子曾梦想拥有一座私人图书馆，他雇了四五十个人抄书，抄了两年，总共才抄完两百本书。

现在一个爱读书的小孩，书房里可能就有两百本书。

而在古代的中国和欧洲，许多人一辈子没摸过一本书，当然更没想过要拥有一本书——他们甚至根本不认识字！

因为书太少了，知识传播得太慢了，整个世界像蜗牛爬行一样，进步得很慢。

人们幻想着有一种魔术能让一本书一下子"生"出很多本亏，而且长得一模一样，就像盖印章。印章？对了，聪明的人好像已经想到了什么——只要一印，无数书本将奔向人类的怀抱。

　　世界的发展将会突飞猛进，像炸药爆炸一样迅速。

　　而引线早已点燃了——纸已经有了，要印在什么上面已经不成问题，但是要发明印刷术，就够人们伤脑筋了。

印刷术的发明

　　坐拥书城的现代人，可能很难想象印刷术发明之前古人读书时的那份辛苦。

　　中国人最早发明印刷术的灵感可能来自印章或碑刻拓本，就像美国宇航员阿姆斯特朗首次登上月球时所说的："我的一小步，是人类的一大步。"古代中国人由印章和碑拓的启发，竟然联想到书籍也可以像这样加速生产，这小小的灵感可也是人类文明的一大步呢！

7 慢慢刻、快快印——雕版印刷的发明

说来容易做来难,
雕版印刷不简单,
印来虽快刻来慢,
好似千字大印章。

现在开始讲解印刷原理,这是一个印章。

刻上一个凸字,必须要左右相反才行。

刻好后,在字面上刷上一层黑墨,然后印在纸上。

这就是最早的印刷原理。

有些事情由于年代久远，加上缺少历史记载，因此没有人知道它们的起源。比如是谁最早使用的语言？谁最早制造了纸张？谁最早发现这套书很好看？这些都已经无从考证了。印刷术也是一样。

我们不知道最早的印刷术到底是谁发明的，但是我们可以推测出来，发明者（可能是一位，也可能是许多人）的灵感来自两个地方：印章和碑拓。

这两样中国古老的技术像两个机器人，它们合体之后，就产生了更大的威力——雕版印刷术。

印章，多平常的东西，两千多年前秦始皇就已经开始使用它了，到现在有时你还得请爸妈在你的考卷上盖章。你可曾仔细观察过一枚印章？你是否发现它有什么特别的地方？

首先，印章上刻的字是左右相反的，反字才能印出正字。

有的印章上刻的是凸字，有的刻的是凹字，捺过红色印泥的凸字印章会印出白底红字，我们叫它"阳文"；凹字印章则印出红底白字，我们称它"阴文"。

印章最大的特色是：你可以很快印出二百份东西，而且它们全都一模一样。

"如果能像盖印章似的印出一本又一本的书……"印刷术发明前，聪明的中国人也许曾这样灵光一闪……

不行，一枚印章能印的字太少了。

有一样东西可以一次印出很多字，那就是碑拓这种技术。

碑拓就是把石碑上的字拓印下来。

古代中国人喜欢在石头上刻字留念，因此中国很早以前就有各种石碑，石碑上常常有用漂亮的书法写的文章，大都是大书法家的作品。古代人要学书法可不像现代人那么方便，去书店买一本《颜真卿字帖》之类的书法范本就行了，

■ 不同颜色、不同位置的三片叶子，可以套印在一起，这就是套色印刷

套色的效果不错吧！

套色印刷

爱美是人的天性，有了方便的印刷术，人们还希望印出来的东西更美丽些，而且最好有色彩！于是，聪明的中国人又发明了套色印刷。

套色印刷其实跟雕版印刷原理相同，只是将原来一块版上需要有不同颜色的地方，分别刻成同样大小的版。比如图中这本《金刚般若波罗蜜经》，就是把要印成红色的部分先刻成一块版，然后将要印成黑色的部分再刻成一块版，将两块版涂上不同的墨色后，套印在同一张纸上，就成功了。

这就是所谓的双色印刷，后来，套色印刷发展得更复杂，色彩也更丰富了。

他们得想法子把碑上的字印下来当范本。

怎么印呢？我听到有位读者说："在石碑上涂墨，把纸贴上去就印下来了。"太笨了！这样不但毁了石碑，而且印出来字都反了。

来，跟着我念一遍："反字才能印出正字。"记住了吗？

正确的拓印方法是把纸稍微弄湿，把纸贴到石碑上，用刷子刷平，再用软布轻轻捶打，让纸微微地凹进碑上刻的字缝里，最后用棉花做的扑子蘸墨，轻轻地把墨擦在纸上。这样，凹进字里的部分因为沾不到墨，就出现了墨底的白字，把纸揭下来，

使用套色印刷，印出来的东西一定更美丽！

我买印印看！

咦？掉了一片叶子！

印刷的步骤

1. 将字写在透明的纸上，

2. 把写好字的纸反过来贴在木板上。

3. 将字迹印在木板上。

4. 雕刻字形，使字迹在木板上凸起。

5. 在凸字上用笔涂上黑墨。

6. 将纸铺在木板的凸字上，用没有蘸墨的笔轻刷纸面。

7. 将印上字的纸揭离木板，放在一旁晾干。

■ 这是古代的刻工所使用的工具

就大功告成了。

用这种方法，可以一次印出石碑上的整篇文章。

可惜的是，印出来的是黑底白字的"阴文"，而且如果字小一点，常常就模糊不清了。

印章和碑拓，各有优点和缺点。如果把它们合在一起呢？

好主意！把石碑像刻印章一样，刻成左右相反的凸字，不不不，当然不用刻在石头上，那样多累啊，刻在木板上就行了。

古人实验又实验，发现梨木和枣木这两种木材用来刻字最好。

这样刻满字的一块木板，不就像一个"千字印章"了吗？由于它比较大，不方便像印章一样盖印在纸上，所以这时候又要学学碑拓的方法了：把纸贴到木板上去。

■ 这个黑底白字的拓印本，就是《熹平石经》

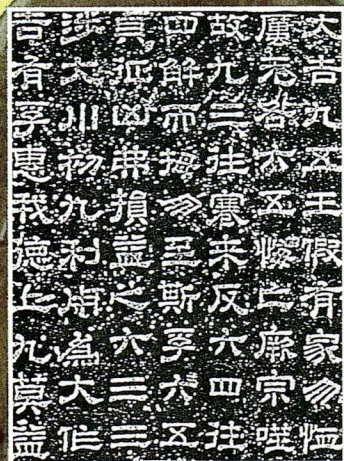

印

雕版印刷术的导火线——碑拓

在未采用雕版印刷术以前，除了印章之外，石碑拓本在中国也已经很流行了。从前出版业不普及，想要拥有书，必须自己动手抄。抄书难免有笔误，为了让考生有标准的课本，东汉灵帝熹平四年（公元175年），命人在石版上刻下必考科目——《公羊传》《论语》和"五经"的内容，让考生去拓印拓本。石拓比印章更进步，可以说是雕版印刷术的导火线。

到了唐宋时期，拓本还是很流行。朝廷方面没有管理石刻的专员，这种人也就是历史上所谓的"石拓手"。佛教对于石刻拓本也非常重视，许多人都用这种方式刻印佛经。现在有些名贵的佛经拓本，已被许多古董商视为无价之宝，而且，还有许多人靠着伪造拓本发了财。

■ 这是现在最早有确切年代的雕版印刷书——《金刚般若波罗蜜经》，刻工精美细腻，印于唐懿宗咸通九年（公元868年）

先在刻好字的木板上涂上一层墨，再把纸贴上去，用刷子轻轻一刷，就印成了——你看，有"印"，有"刷"，最早的印刷术就这样发明成功了！

这种在木板上雕刻文字来印刷的方法就叫雕版印刷术。

跟着我念一遍："雕、版、印、刷、术！"

记住这个名字，因为这是世界上最早出现的印刷术，是中国人发明的。中国人真厉害！

雕版印刷大约是在隋唐的时候出现的，刚开始人们并不用印刷来做知识的传播，而是用来弘扬佛法。他们印刷出大量的佛经、佛像和避邪的咒语，四处散发，"广结善缘"。

雕版印刷术慢慢在民间流传开来了。唐朝的时候，大诗人白居易的诗大受欢迎，寺庙、官府、客栈墙壁上，到处可以看到白居易的诗，既然这位诗人这么受欢迎，有人便使用雕版印刷印了他的诗，印好以后拿到街头叫卖，或拿到客栈里换酒喝。

雕版印刷的步骤

雕版印刷分为写、刻、印三个步骤，写的人叫写书匠，他按照书籍格式，将书的内容用毛笔写在半透明的纸上。一本书的字体是否好看，与写书匠书法的优劣有很大关系，所以讲究书籍质量的人对写书匠的挑选很谨慎。

写书匠抄好字后，将半透明的纸翻过来贴在木板上，交给刻字匠，一版一版刻好之后，再交给印工去上墨刷印。刷墨时，手的力道要十分均匀，否则，有的地方墨浓，有的地方墨淡，或是有些地方没有印到，都是一本书的瑕疵。

■ 在木板上刻上反写的字，然后涂上墨，盖上纸，轻轻一刷，就印出正写的字了

来瞧瞧中国人的印刷术有多么好用！

印刷点金术——纸币

中国早期的印刷品中，流传最广、运用最普遍的，可以说是让冒险家马可·波罗所羡慕的纸币。

的确，中国是世界上最早使用纸币的国家，早在宋朝就有纸币。纸币对社会经济的繁荣帮助很大，说它是点金术，一点也不为过。而这一切，可都多亏了印刷术的发明呢！

■ 将印刷术运用在纸币上，使得买卖交易更方便了。这是元朝的纸币

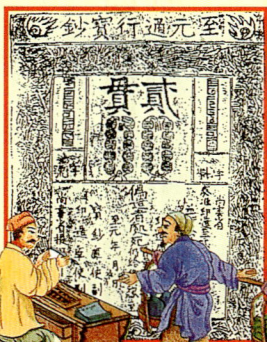

农夫们最想知道什么时候该播种，什么时候雨水多，什么时候该收割……现在有了印刷术，有人灵机一动，就印了农历来卖。古书上说，曾经还有人因为彼此所印的内容不相同，都觉得自己所印的正确而吵到衙门，官员说："大家同行做生意，差个一天半天，有什么关系呢？"

此外，人们还印了很多字典、解梦的书、有关风水的书……

唐朝以后是五代十国时期。有位叫冯道的宰相实在看不过去了，觉得人们印的都是些杂七杂八的书，他说印刷术这种好东西应该用来印些正经书，于是冯道印了儒家经典。渐渐地，朝廷大官们也开始重视印刷术了！印刷术不"走红"也难！

■ 印刷术印成的农历，帮助农夫们知道四时节令。这是唐朝时期的历书

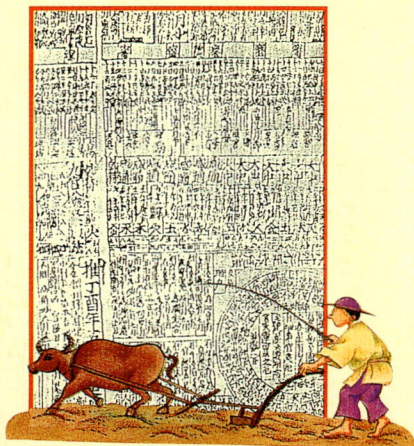

■ 印刷术对消遣娱乐也很有帮助，这是古人赌博用的纸牌

■ 有了印刷术，人们读书时就不用一字一字地抄写了。这是儿童读本《三字经》

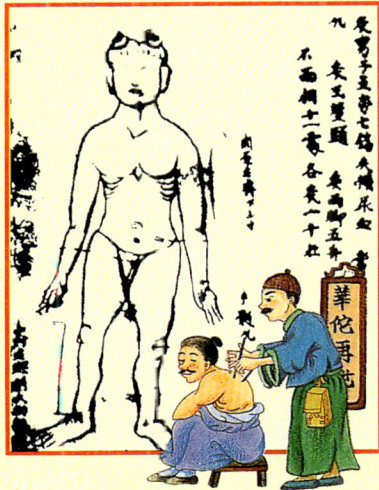
■ 大夫可将医学原理印在书上，这是针灸图

印刷术流行后，书本大量增加，使得五代以后的宋朝成了一个散发着知识光芒的朝代。宋朝时用雕版印刷术印的书，现在我们称之为"宋版书"，是古书中最精美的，非常珍贵，可以称得上是国宝。

到了元朝，皇帝忽必烈用雕版印刷术来印刷纸币。西方有名的冒险家马可·波罗来到中国，看到钱可以印出来，惊讶得要命，认为那简直就是"点金术"……

很值得骄傲吧，"骄傲时间"结束，因为雕版印刷术还有缺点：在一张张版子上雕满字，本来就是一项很耗时费力的工作。于是接下来，更厉害的发明出现了——活字印刷术！

哇！在纸上印几个字就是钱了，真不可思议！

雕版印刷术的西传

雕版印刷术是怎么传到欧洲的？也是像"纸的旅行"一样由阿拉伯人帮了大忙吗？不，正好相反，这次阿拉伯人帮了倒忙。阿拉伯人并不欢迎雕版印刷术。有人说是因为信奉伊斯兰教的阿拉伯人忌讳猪，而雕版印刷中用来清洁雕版的那把刷子正是用猪毛做的。也有人说是因为伊斯兰教徒认为他们的经书《古兰经》是神说的话，用雕版印刷术印《古兰经》会亵渎神灵。

总之，当中国人兴高采烈地用雕版印刷术印佛经时，欧洲修道院里的基督徒还在辛辛苦苦地用手抄书，原因就是中国和欧洲中间挡着一个讨厌雕版印刷术的阿拉伯。

元朝时蒙古大军西征，把雕版印刷术传入欧洲。有趣的是，欧洲人最早接触到的印刷品之一，居然是蒙古兵随身携带的赌博玩具——纸牌。

雕版印刷的纸牌在欧洲造成轰动，流行一时。接着，许多欧洲人也像中国人印佛像一样，用雕版印刷术印基督教《圣经》里圣人们的画像，挂在家里的墙壁上。不过，用雕版印刷术来印书这个基本的想法，却好像被忽略了。

8 让字活起来——活字印刷术的发明

让字复活，
随意组合，
一劳永逸，
实在不错。

什么叫"活字"？
嗯……像这样。

厉害吧!

再一次变换队形! 可以灵活运用。

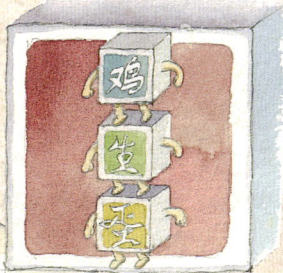

跑步……走!

哇！这么薄的书，竟然用了那么多木材！

很多事说穿了似乎很简单，很多发明在事后看来，好像也不怎么难——活字印刷术就是这样。的确，活字印刷术是划时代的伟大发明，如果没有它，印刷术到现在可能还只是一种"木匠手工业"。想想看，一本书的每一页，必须用一块雕满字的木板才能印刷，一本书如果有一千页，就要有一千块木板……

现在，如果真有雕版印刷厂，想必你会看到密密麻麻的木匠师傅，人手一块木板，在木板上刻上密密麻麻的字，汗水从他们的额头滑落……多么辛苦啊！

幸亏有活字的出现，让印刷不再这么累人。

然而，活字这项伟大发明，说穿了其实道理很简单。

让刻在木板上的字"活"过来，每个字都可以"自由活动"，而不是死死地刻在木板上。当这块板子印刷过后，那些字可以重新拿来印另一本书，用不着再每个字重刻一遍。

比方说，"我是大笨熊"这五个字，不用重刻一次，就可以印出"大笨熊是我""我是笨大熊"这些句子。只要这些字是可以活动的，重新排列组合就行了。

活字就好像积木，只要有一套，就有千万种变化。

根据古书记载，第一个想到这个方法的人，名叫毕昇。

毕昇是一位跟我们大家一样平凡的老百姓。我们不知道他的长相，不知道他的遭遇和经历，甚至不知道他何时出生，何时过世，只知道他是宋朝人。如果不是他发明了活字印刷术，如果不是一位爱好科学的沈括先生在他写的《梦溪笔谈》中提到他，毕昇和他的发明就要湮没在茫茫人海中了。

刻完这本薄薄的书，我已经老了好几岁啦！

请放我出去！我不想被困在这里。

别急！看我的！

有人说，毕昇可能是杭州一位雕版印刷者，深深了解在木板上一字一字刻书的辛苦，于是灵机一动，努力研究，活字因而诞生了！在《梦溪笔谈》短短的介绍中，我们见识到人类最早的活字：毕昇在一片片黏土上刻字，然后用火烧硬，就成了一个个的"泥活字"。然后把要印的字在铁板上一个个排好，铁板上事先涂了蜡，把蜡烤融化，当蜡再凝固后，字就固定在铁板上了。

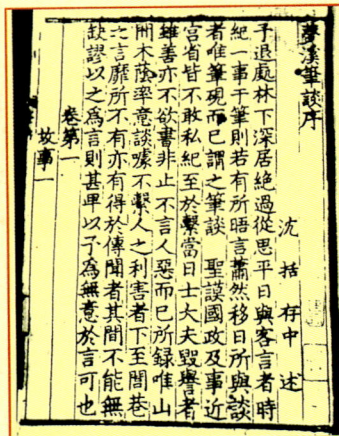

■ 沈括是北宋一位著名的科学家。他晚年时，在自己的住处梦溪园，写下了一生中最重要的科学著作——《梦溪笔谈》，内容包括天文、历法、数学、物理、地理、医学、文学等许多方面，范围非常广泛，曾有外国科学家称赞这本书是"中国科学史上的科学坐标"

■ 中国排字工捡字排版的工作情形

活动活动，不用被固定着。

好高兴能不断地交朋友。

这里似乎用得上我呢！

真想出去！

待会儿见，咱们得交换位置。

自由的滋味……真好！

队伍排整齐点儿，要开印了。

这样就成了一块活字版，可以上墨印刷了。印完，只要用火烤一下，蜡融化后，活字就脱落下来，可以重新排字。

你看！只要拥有了一套"活字"，印刷就成了一种排字游戏——排好字、印、把字拆下来、重排、再印！再重排！再印！

瞧瞧，这省了多少刻字工人的力气！

可惜，当时似乎没有人看出毕昇的发明具有划时代的意义，要是在现在简直可以申请国际专利，获得发明大奖。大家似乎没什么兴趣，原因也许是中国汉字中光是常用字就有四万多个，制作一套活字就要先刻四万个以上的字，这让许多人宁愿继续去刻雕版。

于是毕昇的灵感就像历史中的火光一现，又熄灭了。虽然后来陆陆续续又有人努力做出"火光二现""三现"——有人又发明了"木活字""锡活字""铜活字"——但是，就像纸的发明一样，真正让活字印刷发出改变世界的灿烂光芒的，不是中国人，而是欧洲人。

活字印刷术

毕昇的发明虽然没有造成轰动，但也没有被完全遗忘。活字实在太多了，印书时找字是一件很麻烦的事，后代不断有人想改进他的活字，希望能用起来更方便些。

比方说，元朝时有位叫王桢的人，发明了转轮排字架，把成千上万的活字分门别类，摆在转轮上，要印书排字时，一个人在旁边念出需要的字，捡字工人只要端坐在转轮中间，转动轮盘，就可以又快又省力地找到所要的字了，用不着为一个字跑来跑去。

■ 这就是转轮排字架

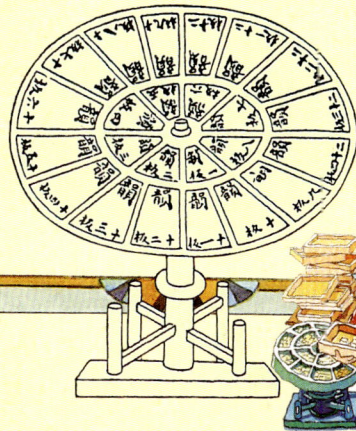

■ 这是谷登堡发明的活字印刷字形

毕昇死后大约过了四百年，1440年，在德国的美因茨城出现了一位"西方的毕昇"，他的名字叫谷登堡。在没有任何证据显示他认识毕昇的情况下，当时的欧洲还只知道雕版印刷术时，谷登堡发明了活字印刷术。

和毕昇不同的是，谷登堡所发明的活字不是扁扁的泥字，而是长长的铅字，而且，谷登堡似乎更有科学头脑，他发明了"字模"，只要把铅汁浇进字模，就可以铸造一个个活字，又快又好，不用一个个去刻。另外，以往的印刷都是把纸贴到版上印，谷登堡发明了木制的螺旋压缩印刷机，可以让铅字在纸上印得更均匀。

■ 这是谷登堡印制的《圣经》

除了科学头脑，谷登堡还有生意头脑，他看出这种新式印刷术很有"钱途"，便说服了很多人出钱投资帮助他的发明。有了钱，他可以将活字印刷设计得尽善尽美，吸引了更多人的注意，谷登堡的发明注定不会像毕昇一样被埋没了。

好，还记得我们说过，印刷术是一颗"轰"的一声让人类生活改头换面的炸弹吗？现在，这颗超级炸弹的引线正式被点燃了……

■ 这就是"西方的毕昇"——谷登堡。谷登堡发明活字印刷时，正处于欧洲宗教改革和文艺复兴的时代，在这剧烈的社会变革中，印刷术就像催化剂似的，加速了新思想、新文化的传播

■ 15世纪欧洲印刷工厂的工作情形

■ 这是谷登堡纪念馆。你看得出位于中央的石块是一本书吗？的确，书的普及与印刷术的发明有绝对的关系。德国也正因为谷登堡发明了活字印刷术，从此在欧洲的出版业中占有很重要的地位。世界知名的法兰克福书展，就离谷登堡的故乡美因茨不远

9 书，奔向人类的怀抱

书在增加，快得无法想象，
书在变化，变得越来越美，
书在飞翔，飞到世界各地，
书在奔跑，跑进人类怀抱。

够美了吧！我们终于可以投向每个人的怀抱了。

这样还不够，让"书的美容师"再替我化妆……

真不懂，他们为什么那么喜欢我们！

纸加上印刷术，就可以做成一本书。

美丽的纸，加上印刷术这位魔术师，点燃了知识这颗大炸弹，轰！炸得千千万万满载知识的书本，往人类的怀抱飞奔……

看看你自己书架上那些五颜六色的书，它们也是那次"大爆炸"的成果。怎么说呢？让我们从头说起。

让我们回到五百多年前——谷登堡的时代。当西方人和活字第一次接触时，西方人对这新玩意儿简直是一见钟情、一拍即合！

你要知道，西方文字是由字母组成的，二十六个字母就能拼出几千几万个单词来。因此，中国人不怎么感兴趣的活字，西方人一看，却说："太方便了！"

谷登堡发明活字后，欧洲的印刷厂像雨后春笋一样不断地冒出来了。

在谷登堡以前，欧洲的手抄书总共只有几千本，书珍贵得甚至要用铁链锁在书架上。谷登堡发明活字后的五十年，欧洲的印刷书就超过了一千多万册。

不要怕，看我如何对付中世纪的教会神父！

书本增加的速度超过人们的想象，印刷真是一种魔术。以前以抄书为生的抄写员，不久就倍感职业受威胁的压力，他们大声抱怨："城里已经塞满了书！"

更感受到威胁的是基督教会。以前的《圣经》都用难懂的拉丁文书写，只有教会的神父看得懂，凡事都相信《圣经》的老百姓也就凡事都相信教会。如果神父说："交钱给我，上帝就会饶恕你的罪！"老百姓也只好乖乖地交钱，因为神父说："这一切都是《圣经》上说的！"

有了印刷术，只要将《圣经》翻译成人人能懂的语言，再用印刷魔术师的魔杖一点，让人人手上都有一本，情况就不同了。

西洋印刷术传回中国

中国虽然是印刷术的发明者，但是后来西方也有了自己的印刷方式。西方的印刷术随着时代不断改进，超越了中国原有的印刷方式，这些先进的印刷术也漂洋过海，回到了发源地中国。

近代以来，中国的印刷随着时代变迁，吸收了西方各种最新的技术，加以改良。

现有的印刷方法比起古代的雕版印刷或活字印刷，真是进步太多了，不但印刷的速度快，印刷的品质也细致精美，简直不可同日而语。倘若毕昇看到这种现代印刷术，一定也会竖起大拇指来，说："棒！"

我让你们人手一本《圣经》，看谁还敢骗人！

54

"《圣经》上说，你们要把钱交给我！"教会的神父如果还这么说，老百姓可以摊开自己的《圣经》，举到神父的面前，大声说："写在哪一段？你指给我看！"

　　教会越来越难把人们当木偶一样摆布了。轰！印刷术等于把中世纪唯我独尊的教会炸开一个大洞。

　　同时，书像长了翅膀一样，载着知识到处飞，钻进读书人的心里，为他们打开一扇心灵之窗。人们读了千百年前或千百里外人们的思想后，发现自己也变得更会思考，更会分辨对错，更会提出疑问，更会去研究、发现……轰！欧洲被炸出了知识的黑暗时代，进入一个令人兴奋不已、充满新发现的时代！有了这些新发现，才会有我们这个多彩多姿的 21 世纪现代世界。

　　更好玩的是，不只世界因书而改变，书自己也变了。

　　古老的时代，只要提到书，总让人想到长着白胡子、满肚子学问的老教授，或披着黑袍、道貌岸然的修道士，用毕恭毕敬的双手，打开一本又厚又重的古书……现在书多了，书摇身一变，变成了人们的居家朋友、快乐源泉！

出版的起源

　　欧洲早在 15 世纪中叶以前，由于贸易的扩张，中产阶级教育慢慢改善，已经有越来越多的人需要书本。修道院的书不能满足实际需要，于是产生了许多职业制书者。

　　那时在巴黎和其他大学城，有许多书本和文稿的写作者，互相观摩并举办书展，因此他们一起组成了同业公会，共同印刷出版，出版业就这样诞生了！

看！我使得人们都成了爱书人！

印

　　拿书来消遣，这是古人难以想象的事，但谷登堡的印刷术出现后，事实就是如此。

　　无聊的冬夜，小镇居民可以在火炉边读小说《亚瑟王和圆桌武士》；工匠一边干活，一边让人念《伊索寓言》给他听，听到有趣处还笑弯了腰；酒馆里总是有人捧书朗诵诗歌，兴致来时大家一起唱和……连平常不随便抛头露面的良家妇女，也可以在家大声念书给客人听，显示自己多有气质和修养。

无数人都成了爱书人，他们不是要追求学问，只是为了阅读的快乐。

　　新一代的读者诞生了！

　　有了新读者，就必须有人为他们服务，于是另一种新职业——编辑和出版商，也诞生了。

　　出一本书，不再只是作者一个人的事，编辑和出版商将共同为制造一本书而努力。他们有计划地出版读者喜欢的书，有时候也为了传播自己的思想而出书。

中国古书的"美容"

中国古书的样子一直在变，我们有趣地称之为"美容"，正确的说法应该是"书的装帧"。来看看古书是怎么被美容的：

1. 卷轴书

当纸刚出现时，书的样子是卷成一长卷的，就像我们现在还可以看到某些可以卷起来的古画一样，称为卷轴书。

人们在读卷轴书时，一边把卷起的部分展开，一边把读过的部分卷起来，很不方便。尤其如果读到一半，要回头找前面的某一段时，就麻烦了。因此后来把卷轴书给美容成叶子书。

2. 叶子书

在一张张纸下面，加上木板或厚纸，再一张张叠起来，成为一本书，就叫作叶子书。

3. 经折装

叶子书翻起来方便多了，但是很容易散掉，或上下页错乱。于是有人便把每片"叶子"按顺序粘起来，在这沓纸的最前和最后一页，再糊上一块大小一样的硬板子，分别作为书的封面和封底。由于佛经的装帧都采用这种方式，所以被称为经折装。

4. 旋风装

经折装的书容易散开，有人就把第一页和最后一页粘在一张对折的纸上，这样的书从第一页翻到最后一页，又可以接着翻第一页，不断回旋，像旋风似的，所以叫旋风装。

5. 蝴蝶装

旋风装或经折装，在折痕处都很容易断裂，于是有人又设计出蝴蝶装。

蝴蝶装的装订法是将印好文字的每一页，以中线为准，字对字地对折起来，然后将每一页的折缝逐一粘在书背上，再装上硬的封面，而成为一本书。书页展开就像蝴蝶展翅一样，所以就叫作蝴蝶装。

6. 包背装

蝴蝶装名字虽然好听，但是每页背面都有一面空白，得连翻两页才能看到下页的字。人们于是又改良成将空白页朝内、文字朝外，这样翻阅时都可看到文字，不必像蝴蝶装一样必须连翻两页才能看到字。这种装订法从宋朝一直沿用到明朝。

7. 线装书

线装书在包背装的基础上加上封面，将四边裁整齐，再打孔、穿线、订成一册，十分美丽。这种书一直流行到清朝末年，才渐渐被欧美传来的新式图书装订法所取代。

索引——追踪的游戏

一本为读者设想周到的知识性读物，书后通常都会附有索引。索引就像追踪游戏，让读者可以按照笔画或者拼音等线索，查到自己想要的资料是在书里的哪几页。

版权所有，侵权必究

编写一本书是很辛苦的事，为了尊重著作人的权益，书里会有一页版权页，告诉读者这本书的出版者、作者、编辑、出版日期等，并且强调"版权所有，侵权必究"。你手上的这本书当然也有版权页，你不妨找找它在哪里。

他们的重要工作是将书做得美观、易读。尤其是最早出现的那些编辑和出版商，他们简直是"书的美容师"。

拿一本手抄的古书和一本现代书店里的书比较一下，你就知道后来的书化了"妆"。

那些书的美容师们为书加上页码，把书的每一页都编号；再加上目录，你就能对这本书的内容一目了然——页码和目录让你有一种翻翻看的乐趣，寻找和记忆都很容易。有些书更周到，还加上索引。

另外，古代手抄书上常常没有作者署名，抄书人的名字似乎反而比较重要。书的美容师们不但在书上标示了作者大名，让写差书的作者无处可逃，也让写好书的作者不再被埋没，同时也清清楚楚标明了出版人、印刷厂、出版日期等。书的最后还有版权页，开始提醒人们"版权所有，侵权必究"。

书的美容很重要的一步是把书变得"娇小"，如果每本书都像西洋古书那样又大、又厚、又重，谁受得了？美容师们于是缩小了字体，设计了小开本的书，人人都可以带着走，放进书包、口袋或公事包。

■ 这是计算机电子书

■ 这是携带方便的袖珍书

■ 这是造型特殊的立体书

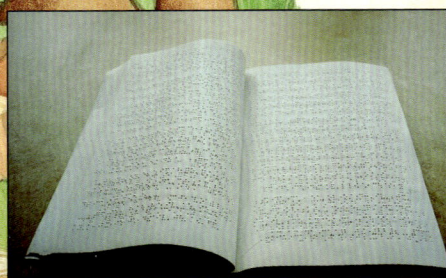
■ 这是盲人使用的点字书

请大家好好珍惜树木。

21 世纪的今天，走进任何一家书店，你都会发现书已经变得花哨得不得了，内容当然五花八门，连书的打扮都令人眼花缭乱：

有的书小得像手掌大；有的书打开来，会站出一只立体怪兽；有的书在黑暗中打开，会发出荧光图案；有的书用的是凸出的"点字"，是专门为盲人设计的；有的书会发出声音；有的书则在书里附送光盘；有的书在书架上排成一排，书脊可以拼出有趣的图形……

今天，我们用数码印刷来制作书，书奔向世界各地，奔向人类的怀抱，我们再也不缺少书了。

但是，你知道吗？有样东西正快速地脱离我们的怀抱，那就是——树木。树木是目前人类造纸的主要材料，一片片森林被砍伐，做成几百吨的纸供我们印书和日常使用。这是一场逐渐扩大的大灾难。

现在你手中的这本书，可能要用掉一棵树的树干！

有些造纸厂想办法回收旧纸制作再生纸，有些科学家正在寻找造纸的新材料。也许，你将是那位成功的科学家，成为"蔡伦第二"，但是现在，至少你可以做到：珍惜纸，珍惜书！

尾声

手牵手，
心连心，
共创书本美丽的明天。

但是，我再也不担心了，因为爱护书、珍惜纸的你，一定是树的救星。

现在你知道为什么我总是这副表情了吧！

因为，为了我，树木们正在叫苦连天。

而树木被砍完后，叫苦连天的就是人类了。

当纸遇上印刷术

大约在两千多年以前，纸和印刷术已经"悄悄"诞生了，用"悄悄"这个词一点儿也没错，因为当时没有太多人认识它们，连它们自己也不认识对方，各自默默地、努力地"成长"，直到有一天，它们"发育"成熟了，而且相遇了……

在告诉你纸遇上了印刷术会发生什么事之前，我必须先告诉你，纸和印刷术一点简单的"成长过程"。

纸的成长简介

■ 大约在两千多年前，也就是春秋战国时代，人们便开始用缣帛书写，缣帛和纸虽然没有直接关系，却是纸发明的原创力，因为缣帛太贵，人们想找便宜的替代品。

■ 秦朝时，人们利用丝的纤维做出近似纸的东西，但成本过高，不易普及。

■ 西汉时，人们尝试用大麻和少量的宁

印刷术的成长简介

■ 大约在三千多年前，《尚书》这本书里记载了"汤以印予伊尹"，意思是说商汤将印交给伊尹，由此可知商朝已有印章。后来，考古学家发现了三枚商朝印章，更加证实这件事。

印章表面上看起来与印刷术不太相关，事实上，却是印刷原理的由来呢！

■ 汉朝时，人们懂得利用拓印的方式，将刻写在石碑上的文字复印下来。

当它们相遇了

当纸遇到印刷术，两者默默地结合，虽然没有隆重而热闹的盛宴，也没有盈门的贺客，却是世界上最重要的一次结合。

■ 隋朝，雕版印刷发明了，并开始大量印刷佛经和制作版书。

■ 唐懿宗咸通九年（公元868年），《金刚般若波罗蜜经》被印刷出来，是中国现存最早的印刷品。

■ 五代，私人开始刻书，如蜀国的毋昭裔刻印《文选》和《九经》，对读书人帮助很大。

■ 五代后唐的宰相冯道设立专门的刻书中心，刻印儒家经典。这是中国历史上第一次由国家刻书。

■ 11世纪，宋朝的毕昇发明了活字印刷术，大大改良了雕版印刷的不便。

麻等植物纤维造纸。1957年，考古学家在陕西灞桥附近的一座汉朝古墓里，发现了九张这种纸片，被称为"灞桥纸"。这是世界上现存最早的纸。

■ 公元105年，东汉和帝时，宦官蔡伦利用树皮、麻头、破布、渔网等来造纸，这是造纸史上的一大进步，蔡伦造出来的纸被称为"蔡侯纸"。

■ 公元751年，唐朝与大食国在怛罗斯河发生大战。大食俘虏不少唐军，其中一些人是造纸的工匠，中国的造纸术因此传入了欧洲。

■ 由于石刻文字是正文，必须先在石碑上铺一层纸，再在纸上涂墨，才能得到正写字；又因为石刻文字是凹下去的，拓片只是黑底白字，到了南北朝时，有人想到将拓印与印章结合，在石碑上刻反写而凸出的文字。这一结合后，印刷术就呼之欲出了。

■ 13世纪，元朝的王桢发明木活字，取代毕昇的泥活字。

■ 14世纪，元朝人采用红色与黑色墨水印刷，这是世界上现存最早的双色套印本。

■ 14世纪末，中国的印刷传入欧洲。

■ 1436年，朝鲜王朝李朝铸造铅活字，这是世界上最早的铅活字，比德国的谷登堡所制造的铅活字还早。

■ 1800年，英国人斯坦荷普改良印刷机，制造了一台全用铁制造的印刷机。

　　当纸遇到印刷术后，世界发生了什么变化呢？那就是书本被大量制造，人们不必像从前一样捧着竹简或是羊皮读书，也用不着自己辛苦地去抄书。知识的传播比以前更迅速，人们有了知识之后，激发出更多的智慧，使人类的文明一天比一天进步和灿烂！

　　这一切都发生在——当纸遇上印刷术以后！

63

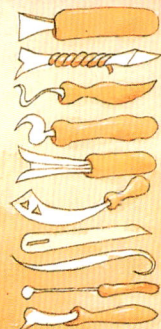